特色农产品质量安全管控"一品一策"丛书

大棚绿芦笋全产业链质量安全风险管控手册

孙彩霞　主编

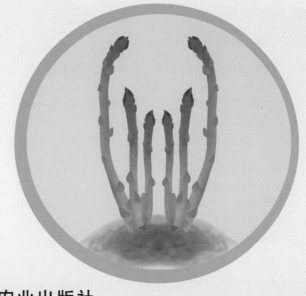

中国农业出版社

北　京

图书在版编目（CIP）数据

大棚绿芦笋全产业链质量安全风险管控手册/孙彩霞主编. —北京：中国农业出版社，2022.6
ISBN 978-7-109-29547-6

Ⅰ. ①大… Ⅱ. ①孙… Ⅲ. ①石刁柏–温室栽培–手册 Ⅳ. ①S644.6-62

中国版本图书馆CIP数据核字（2022）第099187号

中国农业出版社出版

地址：北京市朝阳区麦子店街18号楼
邮编：100125
责任编辑：阎莎莎　　文字编辑：宫晓晨
版式设计：杨　婧　责任校对：吴丽婷　　责任印制：王　宏
印刷：中农印务有限公司
版次：2022年6月第1版
印次：2022年6月北京第1次印刷
发行：新华书店北京发行所
开本：787mm×1092mm　1/24
印张：3
字数：38千字
定价：35.00元

《特色农产品质量安全管控"一品一策"丛书》

总 主 编：杨 华

《大棚绿芦笋全产业链质量安全风险管控手册》

编 写 人 员

主　　编　孙彩霞

副 主 编　李勤锋

技术指导　杨　华　王　强　褚田芬

编写人员　（按姓氏笔画排序）

　　　　　于国光　任霞霞　刘玉红　狄艾芳

　　　　　郑蔚然　徐根良　雷　玲

插　　图　若　冰

前　言

　　芦笋在我国作为蔬菜食用已有悠久的历史，宋代武衍有诗句"春风获渚暗潮平，紫绿尖新嫩茁生"，其中的"获渚"指的就是芦笋。芦笋，又名石刁柏，为百合科宿根性多年生草本植物，以嫩茎供食，具有极高的营养价值，深受消费者喜爱。芦笋产业发展迅速，目前我国芦笋种植面积超过10万公顷，为世界第一大芦笋生产国。浙江省以平湖市和长兴县芦笋种植规模比较大。

　　浙江省历来重视蔬菜产业高质量发展和"菜篮子"工程建设。2010年浙江省启动两区建设，建设了一批较高标准的规模蔬菜基地。为推进新一轮"菜篮子"工程建设，夯实蔬菜产业发展基础，提升蔬菜基地规范化、设施化、集聚化、标准化生产水平，增强蔬菜基地的生产能力，提高本地应季蔬菜的自给能力和重要时节蔬菜应急供应能力，2012年起浙江省启动保障型蔬菜基地建设，2014年起组织专家团队并实施技术项目。"十三五"期间浙江省以供给侧结构性改革为主线，加强"放心菜园"建设，提升综合生产及防灾减灾能力，促进芦笋产业的绿色健康发展与提质增效。2020年浙江省启动首批"农业标准化生产示范创建"（"一县一品一策"）项目，平湖市芦笋产业列入其中。浙江省农业科学院农产品质量安全与营养研究所、平湖市农业农村局等单位在"一县一品一策"项目支持下，开展了芦笋用药和质量安全风险管控的生产调研、采样分析及风险评估等工作，并针对芦笋秸秆产生量大、难以处理的特点，总结了芦笋秸秆综合利用技术的要点。现将芦笋全产业链质量安全风险管控技术综合形成手册，期望为芦笋产业健康发展和质量安全管理提供指导借鉴。

感谢浙江省农业农村厅、浙江省财政厅对"一县一品一策"项目的大力支持。本手册在编写过程中得到了相关专家的悉心指导，有关同行提供了相关资料，谨在此致以衷心的感谢。由于作者水平有限，加之编写时间仓促，书中难免存在疏漏，敬请广大读者批评指正。

编 者

2021年12月

目　录

前言

一、概　　述

　　芦笋是百合科天门冬属多年生草本植物，以嫩茎供食用，味道鲜美，营养丰富，还具有抗氧化、降血糖等功效，是深受消费者喜爱的营养保健型高档蔬菜。芦笋起源于地中海东岸及小亚细亚半岛，20世纪初传入我国，近年来我国芦笋产业发展迅猛，目前我国已成为世界第一大芦笋生产国和出口国。我国芦笋产业最初以出口为主，随着我国居民生活水平的提高和对蔬菜的需求越来越多样化，芦笋逐步成为居民餐桌上的常见品种，具有稳定的消费群体。

　　根据浙江省蔬菜生产信息监测体系统计，2013年全省芦笋种植面积超3 000公顷。与此同时，我国其他不少地方也纷纷将芦笋作为种植业结构调整的首选作物之一，芦笋种植规模逐年扩大。从产品销售情况来看，20世纪80年代，浙江省以白芦笋罐头出口海外为主，国内鲜销市场少。1992年以后，浙江省芦笋产品以绿芦笋为主，经冷藏保鲜、速冻出口，并逐渐供应国内市场。近年来浙江本省及广州、上海、北京、武汉等地绿芦笋鲜销市场不断扩大，芦笋产品逐渐由外销为主转为内销为主。随着长江三角洲地区居民生活水平的不断提高，消费者对营养保健型蔬菜的需求越来越多，目前在该地区已经形成一个稳定且数量庞大的消费群体，因此，芦笋国内消费市场正日益扩大。

平湖市芦笋始种于2003年，凭借平湖优越的区位优势、地理环境和产业政策等，芦笋种植规模不断扩大。截至2019年底，全市有芦笋种植户168户，其中规模以上主体100户，种植总面积已达8 000多亩*，年总产量1.1万吨，年总产值超1亿元。在迅速扩大种植面积的同时，平湖芦笋生产始终坚持农业绿色发展，围绕基地建设、绿色防控、资源循环利用等，不断提升规模化、标准化、品牌化水平。浙江省芦笋生产对国外品种依存度高，主栽品种以格兰德（Grande）、阿特拉斯（Atlas）、达宝利（Dabaoli）等美国芦笋品种为主。20世纪90年代前期，由于多阴雨天气影响和栽培技术水平限制，尤其是茎枯病的流行严重影响了芦笋的产量和质量，浙江省芦笋产业发展受到制约，芦笋种植面积曾大幅度下降。随着设施避雨栽培以及留母茎栽培技术的发展，芦笋的丰产稳产性和产品安全性不断提高，芦笋的生产供应期延长，为芦笋高质高效生产提供了强有力的技术支撑，推动了

---

* 亩为非法定计量单位，1亩＝1/15公顷。——编者注

浙江省芦笋产业的发展。但发展芦笋产业的同时还需注重农药化肥减量化使用、秸秆综合利用、基地规范化管理、产品竞争力提升、标准化生产和品牌化发展等。

二、芦笋的质量安全要求

我国芦笋种植广泛，各地根据实际生产需求制定了相关的生产技术标准。目前我国现行有效的国家标准和行业标准见表1。

表1　芦笋相关国家标准和行业标准

标准编号	标准名称
GB/T 13208—2008	芦笋罐头
GB/T 16870—2009	芦笋　贮藏指南
NY/T 1585—2008	芦笋等级规格
NY/T 2496—2013	植物新品种特异性、一致性和稳定性测试指南　芦笋
NY/T 3571—2020	芦笋茎枯病抗性鉴定技术规程
NY/T 5231—2004	无公害食品　芦笋生产技术规程
NY/T 760—2004	芦笋
SB/T 10966—2013	芦笋流通规范
SN/T 0626.3—2015	出口速冻蔬菜检验规程　芦笋类
SN/T 2473—2010	芦笋枯萎病菌检疫鉴定方法

　　各省份和社会团体也发布了关于芦笋的标准，主要关注生产技术、品质、规格等，见表2。

表2　芦笋相关地方标准和团体标准

标准编号	标准名称
DB13/T 1075—2009	芦笋育苗技术规程
DB13/T 1342—2010	芦笋茎枯病分级标准
DB13/T 1477—2011	有机绿芦笋生产技术规程
DB13/T 2121—2014	滨海盐碱地芦笋栽培技术规程
DB13/T 2818—2018	芦笋汁（粉）中芦笋皂苷检测方法　分光光度法
DB22/T 2765—2020	芦笋生产技术规程
DB23/T 2596—2020	绿芦笋大棚栽培技术规程
DB23/T 2597—2020	绿芦笋露地栽培技术规程
DB32/T 1678—2010	海芦笋有机栽培技术规程
DB33/T 717—2016	大棚绿芦笋生产技术规程
DB3301/T 1092—2018	大棚芦笋生产技术规程
DB3304/T 063—2021	芦笋秸秆肥料化和饲料化综合利用技术规范
DB34/T 645—2006	芦笋栽培技术规程
DB36/T 1000—2017	芦笋亲本繁殖与杂交制种技术规程

（续）

标准编号	标准名称
DB36/T 1003—2017	芦笋水肥一体化技术规程
DB36/T 1004—2017	芦笋设施避雨栽培技术规程
DB36/T 1323—2020	芦笋富硒栽培技术规程
DB36/T 678—2012	芦笋抗茎枯病人工接种评价技术规范
DB37/T 2547—2014	芦笋集约化育苗技术规程
DB37/T 3895—2020	白芦笋产地初加工技术规程
DB37/T 4069—2020	芦笋有害生物安全控制技术规程
DB3701/T 108—2007	芦笋茎枯病综合防治技术规程
DB3703/T 039—2005	无公害芦笋生产技术规程
DB41/T 1830—2019	芦笋生产技术规程
DB41/T 792—2018	露地绿芦笋生产技术规程
DB4105/T 158—2021	温棚绿芦笋育苗及栽培技术规程
DB4109/T 014—2021	露地芦笋生产技术规程
DB4114/T 109—2019	无公害白芦笋高产栽培技术规程
DB42/T 905—2013	芦笋工厂化育苗技术规程
DB4203/T 192—2021	春播绿芦笋大棚生产技术规程
DB43/T 1263—2017	沅江鲜芦苇笋采收与运输技术规范

（续）

标准编号	标准名称
DB43/T 1264—2017	沅江芦苇笋罐头加工技术规范
DB43/T 1375—2017	绿芦笋生产技术规程
DB51/T 2713—2020	四川省芦笋栽培技术规程
DB5110/T 22—2020	芦笋栽培技术规程
DB62/T 4053—2019	无公害农产品　河西走廊灌区芦笋生产技术规程
DB62/T 4211—2020	绿色食品　陇东地区芦笋栽培技术规程
DB63/T 941—2010	芦笋温室栽培技术规程
T/CIQA 20—2021	出口冷冻芦笋产品标准
T/CXLSXH 001—2020	曹县芦笋
T/HNPPXH 0004—2021	淮味千年　绿芦笋
T/HPSC 001—2020	地理标志证明商标　黄陂芦笋
T/JX 018—2019	"金平湖"芦笋
T/SDAS 254—2021	黄河三角洲盐碱地绿芦笋栽培技术规程
T/SDAS 256—2021	芦笋F1代杂交种制种技术规程
T/YJLSCX 001—2019	沅江芦笋
T/YNYY 004—2021	芦笋保护地栽培技术规程
T/ZNZ 039—2020	大棚芦笋生产基地建设规范
T/ZNZ 040—2020	芦笋秸秆农业综合利用技术规范

在质量安全方面，我国《食品安全国家标准 食品中农药最大残留限量》（GB 2763—2021）主要规定了以下农药在芦笋中的最大残留限量（116项），具体见表3。

表3 芦笋中农药最大残留限量

农药中文名称	农药英文名称	分类	最大残留限量（毫升/千克）	每日允许摄入量（毫升/千克）（以体重计）
苯菌灵	benomyl	杀菌剂	0.5	0.1
苯醚甲环唑	difenoconazole	杀菌剂	0.03	0.01
吡虫啉	imidacloprid	杀虫剂	0.2	0.06
吡唑醚菌酯	pyraclostrobin	杀菌剂	0.2	0.03
丙炔氟草胺	flumioxazin	除草剂	0.02	0.02
丙森锌	propineb	杀菌剂	2	0.007
草铵膦	glufosinate-ammonium	除草剂	0.1*	0.01
代森锰锌	mancozeb	杀菌剂	2	0.03
代森锌	zineb	杀菌剂	2	0.03
啶虫脒	acetamiprid	杀虫剂	0.8	0.07

（续）

农药中文名称	农药英文名称	分类	最大残留限量（毫升/千克）	每日允许摄入量（毫升/千克）（以体重计）
啶酰菌胺	boscalid	杀菌剂	5	0.04
毒死蜱	chlorpyrifos	杀虫剂	0.05	0.01
多菌灵	carbendazim	杀菌剂	0.5	0.03
二甲戊灵	pendimethalin	除草剂	0.1	0.1
氟吡菌酰胺	fluopyram	杀菌剂	0.01*	0.01
福美双	thiram	杀菌剂	2	0.01
甲基硫菌灵	thiophanate-methyl	杀菌剂	0.5	0.09
甲霜灵和精甲霜灵	metalaxyl and metalaxyl-M	杀菌剂	0.05	0.08
抗蚜威	pirimicarb	杀虫剂	0.01	0.02
氯氟氰菊酯和高效氯氟氰菊酯	cyhalothrin and lambda-cyhalothrin	杀虫剂	0.02	0.02
氯氰菊酯和高效氯氰菊酯	cypermethrin and beta-cypermethrin	杀虫剂	0.4	0.02

（续）

农药中文名称	农药英文名称	分类	最大残留限量（毫升/千克）	每日允许摄入量（毫升/千克）（以体重计）
马拉硫磷	malathion	杀虫剂	1	0.3
麦草畏	dicamba	除草剂	5	0.3
咪鲜胺和咪鲜胺锰盐	prochloraz and prochloraz-manganese chloride complex	杀菌剂	0.5	0.01
嘧菌酯	azoxystrobin	杀菌剂	0.01	0.2
噻虫嗪	thiamethoxam	杀虫剂	0.05	0.08
双胍三辛烷基苯磺酸盐	iminoctadinetris（albesilate）	杀菌剂	1*	0.009
肟菌酯	trifloxystrobin	杀菌剂	0.05	0.04
戊唑醇	tebuconazole	杀菌剂	0.02	0.03
烯唑醇	diniconazole	杀菌剂	0.5	0.005
硝磺草酮	mesotrione	除草剂	0.01	0.5
乙拌磷	disulfoton	杀虫剂	0.02	0.000 3
胺苯磺隆	ethametsulfuron	除草剂	0.01	0.2

（续）

农药中文名称	农药英文名称	分类	最大残留限量（毫升/千克）	每日允许摄入量（毫升/千克）（以体重计）
巴毒磷	crotoxyphos	杀虫剂	0.02*	暂无
百草枯	paraquat	除草剂	0.05*	0.005
倍硫磷	fenthion	杀虫剂	0.05	0.007
苯线磷	fenamiphos	杀虫剂	0.02	0.000 8
丙酯杀螨醇	chloropropylate	杀虫剂	0.02*	暂无
草枯醚	chlornitrofen	除草剂	0.01*	暂无
草芽畏	2,3,6-TBA	除草剂	0.01*	暂无
敌百虫	trichlorfon	杀虫剂	0.2	0.002
敌敌畏	dichlorvos	杀虫剂	0.2	0.004
地虫硫磷	fonofos	杀虫剂	0.01	0.002
丁硫克百威	carbosulfan	杀虫剂	0.01	0.01
毒虫畏	chlorfenvinphos	杀虫剂	0.01	0.000 5
毒菌酚	hexachlorophene	杀菌剂	0.01*	0.000 3
对硫磷	parathion	杀虫剂	0.01	0.004
二溴磷	naled	杀虫剂	0.01*	0.002

农药中文名称	农药英文名称	分类	最大残留限量（毫升/千克）	每日允许摄入量（毫升/千克）（以体重计）
氟虫腈	fipronil	杀虫剂	0.02	0.000 2
氟除草醚	fluoronitrofen	除草剂	0.01*	暂无
格螨酯	2,4-dichlorophenyl benzenesulfonate	杀螨剂	0.01*	暂无
庚烯磷	heptenophos	杀虫剂	0.01*	0.003*
环螨酯	cycloprate	杀螨剂	0.01*	暂无
甲胺磷	methamidophos	杀虫剂	0.05	0.004
甲拌磷	phorate	杀虫剂	0.01	0.000 7
甲磺隆	metsulfuron-methyl	除草剂	0.01	0.25
甲基对硫磷	parathion-methyl	杀虫剂	0.02	0.003
甲基硫环磷	phosfolan-methyl	杀虫剂	0.03*	暂无
甲基异柳磷	isofenphos-methyl	杀虫剂	0.01*	0.003
甲萘威	carbaryl	杀虫剂	1	0.008
甲氧滴滴涕	methoxychlor	杀虫剂	0.01	0.005
久效磷	monocrotophos	杀虫剂	0.03	0.000 6
克百威	carbofuran	杀虫剂	0.02	0.001

（续）

农药中文名称	农药英文名称	分类	最大残留限量（毫升/千克）	每日允许摄入量（毫升/千克）（以体重计）
乐果	dimethoate	杀虫剂	0.01	0.002
乐杀螨	binapacryl	杀螨剂、杀菌剂	0.05*	暂无
磷胺	phosphamidon	杀虫剂	0.05	0.000 5
硫丹	endosulfan	杀虫剂	0.05	0.006
硫环磷	phosfolan	杀虫剂	0.03	0.005
硫线磷	cadusafos	杀虫剂	0.02	0.000 5
氯苯甲醚	chloroneb	杀菌剂	0.01	0.013
氯磺隆	chlorsulfuron	除草剂	0.01	0.2
氯菊酯	permethrin	杀虫剂	1	0.05
氯酞酸	chlorthal	除草剂	0.01*	0.01
氯酞酸甲酯	chlorthal-dimethyl	除草剂	0.01	0.01
氯唑磷	isazofos	杀虫剂	0.01	0.000 05
茅草枯	dalapon	除草剂	0.01*	0.03
灭草环	tridiphane	除草剂	0.05*	0.003*

（续）

农药中文名称	农药英文名称	分类	最大残留限量（毫升/千克）	每日允许摄入量（毫升/千克）（以体重计）
灭多威	methomyl	杀虫剂	0.2	0.02
灭螨醌	acequincyl	杀螨剂	0.01	0.023
灭线磷	ethoprophos	杀线虫剂	0.02	0.000 4
内吸磷	demeton	杀虫剂、杀螨剂	0.02	0.000 04
三氟硝草醚	fluorodifen	除草剂	0.01*	暂无
三氯杀螨醇	dicofol	杀螨剂	0.01	0.002
三唑磷	triazophos	杀虫剂	0.05	0.001
杀虫脒	chlordimeform	杀虫剂	0.01	0.001
杀虫畏	tetrachlorvinphos	杀虫剂	0.01	0.002 8
杀螟硫磷	fenitrothion	杀虫剂	0.5	0.006
杀扑磷	methidathion	杀虫剂	0.05	0.001
水胺硫磷	isocarbophos	杀虫剂	0.05	0.003
速灭磷	mevinphos	杀虫剂、杀螨剂	0.01	0.000 8
特丁硫磷	terbufos	杀虫剂	0.01*	0.000 6

（续）

农药中文名称	农药英文名称	分类	最大残留限量（毫升/千克）	每日允许摄入量（毫升/千克）（以体重计）
特乐酚	dinoterb	除草剂	0.01*	暂无
涕灭威	aldicarb	杀虫剂	0.03	0.003
戊硝酚	dinosam	杀虫剂、除草剂	0.01*	暂无
烯虫炔酯	kinoprene	杀虫剂	0.01*	暂无
烯虫乙酯	hydroprene	杀虫剂	0.01*	0.1
消螨酚	dinex	杀螨剂、杀虫剂	0.01*	0.002
辛硫磷	phoxim	杀虫剂	0.05	0.004
溴甲烷	methyl bromide	熏蒸剂	0.02*	1
氧乐果	omethoate	杀虫剂	0.02	0.000 3
乙酰甲胺磷	acephate	杀虫剂	0.02	0.03
乙酯杀螨醇	chlorobenzilate	杀螨剂	0.01	0.02
抑草蓬	erbon	除草剂	0.05*	暂无
茚草酮	indanofan	除草剂	0.01*	0.003 5
蝇毒磷	coumaphos	杀虫剂	0.05	0.000 3

（续）

农药中文名称	农药英文名称	分类	最大残留限量（毫升/千克）	每日允许摄入量（毫升/千克）（以体重计）
治螟磷	sulfotep	杀虫剂	0.01	0.001
艾氏剂	aldrin	杀虫剂	0.05	0.000 1
滴滴涕	DDT	杀虫剂	0.05	0.01
狄氏剂	dieldrin	杀虫剂	0.05	0.000 1
毒杀芬	camphechlor	杀虫剂	0.05*	0.000 25
六六六	HCH	杀虫剂	0.05	0.005
氯丹	chlordane	杀虫剂	0.02	0.000 5
灭蚁灵	mirex	杀虫剂	0.01	0.000 2
七氯	heptachlor	杀虫剂	0.02	0.000 1
异狄氏剂	endrin	杀虫剂	0.05	0.000 2
保棉磷	azinphos-methyl	杀虫剂	0.5	0.03

*该限量为临时限量。

三、产地环境要求

芦笋生产应选择地势平坦、排灌方便、土层肥沃、土质疏松、肥力较好、pH 6.0 ~ 8.0的壤土或沙壤土。

黏性重的黏壤土经土壤疏松改良后方可种植。

酸碱度过大或过小且黏重的黏壤土不适宜种植芦笋。

我国行业标准《无公害农产品　种植业产地环境条件》（NY/T 5010—2016），国家标准《环境空气质量标准》（GB 3095—2012）、《农田灌溉水质标准》（GB 5084—2021）和《土壤环境质量　农用地土壤污染风险管控标准（试行）》（GB 15618—2018）对产地环境均提出了质量安全要求，具体要求见表4至表6。

表4　土壤质量标准（GB 15618—2018）

单位：毫克/千克

污染物项目		风险筛选值			
		pH≤5.5	5.5<pH≤6.5	6.5<pH≤7.5	pH>7.5
镉	水田	0.3	0.4	0.6	0.8
	其他	0.3	0.3	0.3	0.6

（续）

污染物项目		风险筛选值			
		pH≤5.5	5.5＜pH≤6.5	6.5＜pH≤7.5	pH＞7.5
汞	水田	0.5	0.5	0.6	1.0
	其他	1.3	1.8	2.4	3.4
砷	水田	30	30	25	20
	其他	40	40	30	25
铅	水田	80	100	140	240
	其他	70	90	120	170
铬	水田	250	250	300	350
	其他	150	150	200	250
铜	水田	150	150	200	200
	其他	50	50	100	100
镍		60	70	100	190
锌		200	200	250	300

注：1. 重金属和类金属砷均按元素总量计。

　　2. 对于水旱轮作地，采用其中较严格的风险筛选值。

表5 环境空气质量标准（GB 3095—2012）

污染物项目	平均时间	浓度限值		单位
		一级	二级	
二氧化硫（SO$_2$）	年平均	20	60	微克/米^3
	24小时平均	50	150	
	1小时平均	150	500	
二氧化氮（NO$_2$）	年平均	40	40	
	24小时平均	80	80	
	1小时平均	200	200	
一氧化碳（CO）	24小时平均	4	4	毫克/米^3
	1小时平均	10	10	
臭氧（O$_3$）	日最大8小时平均	100	160	
	1小时平均	160	200	
颗粒物（粒径≤10微米）	年平均	40	70	微克/米^3
	24小时平均	50	150	
颗粒物（粒径≤2.5微米）	年平均	15	35	
	24小时平均	35	75	

表6 农田灌溉水质标准（GB 5084—2021）

项目类别	作物种类		
	水田作物	旱地作物	蔬菜
pH	5.5 ~ 8.5		
水温（℃）	$\leqslant 35$		
悬浮物（毫克/升）	$\leqslant 80$	$\leqslant 100$	$\leqslant 60^a$，$\leqslant 15^b$
五日生化需氧量（BOD_5）（毫克/升）	$\leqslant 60$	$\leqslant 100$	$\leqslant 40^a$，$\leqslant 15^b$
化学需氧量（CODcr）（毫克/升）	$\leqslant 150$	$\leqslant 200$	$\leqslant 100^a$，$\leqslant 60^b$
阴离子表面活性剂（毫克/升）	$\leqslant 5$	$\leqslant 8$	$\leqslant 5$
氯化物（以Cl^-计）（毫克/升）	$\leqslant 350$		
硫化物（以S^{2-}计）（毫克/升）	$\leqslant 1$		
全盐量（毫克/升）	$\leqslant 1\ 000$（非盐碱土地区），$\leqslant 2\ 000$（盐碱土地区）		
总铅（毫克/升）	$\leqslant 0.2$		
总镉（毫克/升）	$\leqslant 0.01$		
铬（六价）（毫克/升）	$\leqslant 0.1$		

（续）

项目类别	作物种类		
	水田作物	旱地作物	蔬菜
总汞（毫克/升）	≤ 0.001		
总砷（毫克/升）	≤ 0.05	≤ 0.1	≤ 0.05
每升水中粪大肠菌群数	≤ 40 000	≤ 40 000	≤ 20 000[a]，≤ 10 000[b]
每10升水中蛔虫卵数	≤ 20		≤ 20[a]，≤ 10[b]

a　加工、烹调及去皮蔬菜。

b　生食类蔬菜、瓜类和草本水果。

四、生产基地主要设施

1.生产基地选择和布局

芦笋生产基地应地势平坦，地下水位宜在40厘米以上。

芦笋适合连片种植，基地相对集中连片，单个基地面积不少于30亩。

基地功能分区合理，生产区、农资贮备区和产品仓库有序布局。

2.大棚布局

钢架大棚以南北朝向为宜，长度30～70米，相邻棚间隔距离不小于1.5米，棚头间隔距离不小于2.5米。

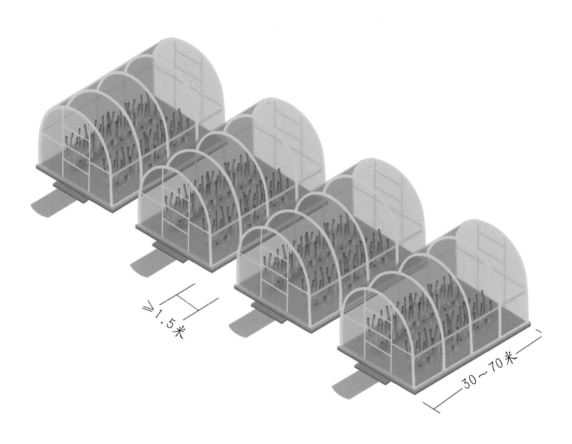

3.道路沟渠和排灌能力

大棚芦笋生产基地应道路畅通，路面平整坚实，进出方便。

具有较强的排涝、灌溉能力，抗洪涝能力达到10年一遇标准，日降雨量50毫米以下田间不积水，日降雨量60～100毫米基本不受淹，日降雨量100毫米以下雨后2小时畦面不积水，一天暴雨第二天排至田面无积水。

4.大棚棚架

宜采用热浸镀锌薄壁钢管等为标准棚架材料，单体钢架大棚可选择GP-C622、GP-C825或GP-C832标准棚，棚长以不超过60米为宜，连栋数量以不超过5栋为宜。

大棚门宜选择摇门或移门，应开在道路两侧，大小应方便人员进出和机械操作。

棚架两头门上方应建立适当大小的通风设施。

5.棚膜

棚架顶部覆盖多功能大棚膜，膜厚0.06～0.08毫米，膜宽为棚宽加2.0～3.0米，裙膜厚度0.06～0.08毫米。

6.水肥一体化

水肥一体化应配备水源、水泵、过滤设备、输水管、滴灌管等滴灌系统。

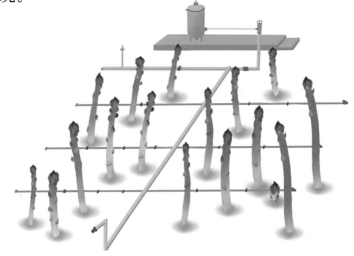

根据灌溉面积和水源情况，选用合适流量和扬程的水泵。若水源高于田块10米以上，可自流灌溉。

安装120目的网式过滤器或叠片式过滤器。根据种植规模配备施肥装置，可采用比例施肥器、文丘里注肥器等。

水源至田块的地下输水管管径依输水流量而定；棚内的地面输水管宜采用直径25毫米或32毫米的黑色聚乙烯管。

采用内镶式滴灌管，每畦铺设2条或1条。

7.废弃物回收

应设有专门的废弃物避雨回收利用场地，实行农业废弃物分类回收和资源化利用。

应建有秸秆综合利用的设备及场地。有条件的生产基地宜建立废弃物综合利用设施，如堆肥发酵槽等，应加强对芦笋生产过程中废弃物的综合利用。

8.智能化控制

有条件的生产基地应建立智能化控制装置，定时监测基地及大棚设施内土壤水分、土壤温度、空气温度、空气湿度、光照度、土壤养分含量等。

根据基地规模和实际生产需要，智能化控制系统主要包括通信控制系统、应用管理平台、环境监测系统、设备控制系统、视频监控设备、遮阳装置、通风设备等。

有条件的基地可配套建设智慧化设施，如电动开启摇膜、监控与物联网设备等，提高作业效率与管理水平。

9.产品仓库

生产基地应设置专门的产品仓库，仓库应通风、避光。

产品仓库应配备必要的清洗及分级包装设备，配置台秤、铡刀、打捆机等整理分装设备。

有条件的生产基地应配置温度控制装置，用于芦笋的预冷或短期贮存。

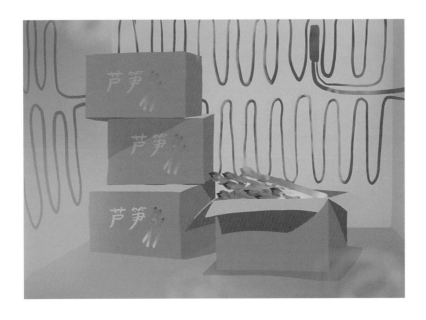

五、标准化种植技术

1.品种选择

选用优质丰产、抗逆性强、适应性广、商品性好的品种，如格兰德（Grande）、阿特拉斯（Atlas）、达宝利（Dabaoli）等适宜生产绿芦笋的优良品种。

2.播种时间和用种量

春播4月上旬至5月上旬、夏播5月中旬至7月上旬、秋播8月中旬至9月中旬为宜。

每亩大田用种45～60克。

3.育苗

（1）种子处理

未经包衣处理的种子经清洗后在50～55℃的温水中浸15分钟后，再在25～30℃下浸种48～72小时，浸种期间换水2～3次，换水时适当搓洗种子；经包衣处理的种子直接在25～30℃下浸种48～72小时。浸种后将种子置于25～30℃条件下保温催芽，待20%种子露白后即可播种。

（2）营养土配制

将未种过芦笋的园土过筛，每立方米土拌入腐熟有机肥10～15千克、45%三元复合肥2～2.5千克混匀，堆制一个月后装入直径10厘米、高10厘米的塑料营养钵备用。每亩大田备营养钵2 000个。

（3）播种

播种前2天用50%多菌灵悬浮剂600倍液浇透钵土，单粒点播，播后用1厘米厚的药土（按10克30%多·福可湿性粉剂拌30千克细土比例配制）盖种，并铺上地膜和稻草，春季播种应搭小拱棚保温，夏秋季应搭荫棚降温防雨。

（4）苗床管理

播后床土相对湿度保持在60%～70%，待20%幼苗出土后及时揭去稻草和地膜，并注意通风换气、控温降湿。苗床温度一般白天保持在20～25℃，最高不超过30℃；夜间保持在15～18℃，最低不低于13℃。当幼苗高20厘米左右时，可采取通风不揭膜的办法，使幼苗适应外界环境。

（5）整地作畦

定植前10～15天深翻土壤，每亩施入腐熟的蘑菇废料2 000～3 000千克或腐熟有机肥1 000～2 000千克，加过磷酸钙30千克。整成宽120厘米、高20～30厘米的栽培畦。定植前按行距开10～15厘米深的定植沟，并在定植沟内施足基肥，每亩施45%三元复合肥30千克，覆土后定植。

（6）壮苗标准

春夏播种的苗龄50 ～ 60天，苗高25 ～ 30厘米，有3 ～ 4支地上茎。

4.定植

（1）定植时间

春播的于5月中旬至7月上旬定植；夏播的于8—9月定植；秋播8月播种的可于10月定植，9月以后播种的于次年3月下旬至4月上旬定植。

（2）定植规格

大小分级，带土移植，单行种植。棚宽6米的种四畦，行距1.5米；棚宽8米的种五畦，行距1.6米。株距30～40厘米，每亩定植1 200～1 500株。

5.田间管理

（1）覆盖棚膜

为延长芦笋植株保绿期，积累较多养分，促进春笋早出，应在11月中下旬及时搭棚盖膜。冬季低温期间可采用多层膜覆盖保温；夏秋季保留顶膜，以利隔热降温、避雨生长。

（2）中耕除草培土

定植后半年内中耕除草3～4次，以保持土壤疏松，中耕时结合培土，并注意避免伤及嫩茎和根系。以后视杂草生长情况及时除草。

（3）温度管理

盖膜后如棚内温度超过35℃，则应掀裙膜通风降温。芦笋出土后，白天棚内温度应控制在25℃左右，最高不超过30℃，夜间保持在12℃以上。冬季低温期间棚内温度不低于5℃。

6.水分管理

根据土壤湿度及时浇水，浇水可与追肥相结合。宜采用滴灌定时定量灌水。

（1）幼龄期

定植后及时浇定根水，幼龄期间应遵循"少量多次"的浇水原则，土壤相对湿度保持在60%左右。

（2）出笋期

留母茎期间土壤相对湿度保持在50%左右，使土壤相对干燥，减少病害发生。采笋期间土壤相对湿度保持在70%左右。

7.母茎管理

（1）留养母茎

选留的母茎直径应在1厘米以上，无病虫斑，生长健壮，且分布均匀。

（2）春母茎

4月上中旬留茎，二年生每棵盘留2～3支，三年生每棵盘留4～5支，四年生及以上每棵盘留6～8支，棵盘大的可适当多留。

（3）秋母茎

8月中下旬留茎，一年生每棵盘留7～8支，二年生每棵盘留10～15支，三年生及以上每棵盘留20支左右。

六、肥水管理

增施有机肥，注意氮磷钾合理搭配，并按照不同生长发育时期进行合理追肥。芦笋生长前期用高氮、高钾肥料。

建议按照基肥、春肥、秋肥和冬肥分别施用，应"少量多施"。肥料使用建议见表7。

表7 大棚芦笋肥料使用建议

肥料类型	使用建议
基肥	施商品有机肥500 ~ 1 000千克
春肥	春母茎留养成株后施三元复混（合）肥10 ~ 15千克。夏笋采收期间，施三元复混（合）肥15 ~ 20千克，分2 ~ 3次施用
秋肥	春母茎拔除后秋母茎留养前，沟施商品有机肥500千克或三元复混（合）肥25千克。秋母茎留养后，视植株长势，前期每15天施三元复混（合）肥15 ~ 20千克，共2 ~ 3次；后期可结合防治病虫喷施1 ~ 2次含钾叶面肥
冬肥	12月中下旬冬季清园后，沟施商品有机肥500千克、三元复混（合）肥15 ~ 25千克

七、病虫害综合防治

1.芦笋主要病虫害

芦笋主要病害有茎枯病、褐斑病、根腐病等。大棚避雨栽培模式下，以芦笋根腐病发病最为严重。主要害虫有甜菜夜蛾、斜纹夜蛾、烟蓟马、蚜虫等，其中以甜菜夜蛾发生危害最重。

2.病虫害的预防

（1）防病保茎
母茎生长期间是防止发生茎枯病的关键，应注意防病保茎。
（2）疏枝打顶
母茎生长期间应及时摘除细

弱、病残枝及主茎50厘米以下的基部侧枝。母茎长到120～150厘米高时，摘除顶芽，并在种植行四周打桩、拉塑料双线防止植株倒伏。

（3）清园和土壤消毒

留养母茎前应及时清园，将病叶残枝拔除干净，并用药剂进行土壤消毒。12月下旬植株枯黄后，进行一次彻底的清园和土壤消毒。

3.农业防治

选择地势平坦、地下水位低、通气性好的土壤。做好避雨栽培，大棚的倾斜角度以接近90°为宜，防止夏季雨水溅入。做好开沟降湿，降低地下水位，雨季来临时及时排除积水。及时清除大棚内外的凹头苋等杂草，有利于减少甜菜夜蛾虫源。冬季及时清园，翻耕土壤，消灭部分越冬蛹。及时拔除病株，撒生石灰进行土壤处理。

4.物理防治

可安装频振式杀虫灯诱杀成虫，每2～3公顷悬挂1盏。夜蛾类害虫可采用昆虫性诱剂进行诱杀，每个标准大棚悬挂1～2个专用诱捕器。烟蓟马与蚜虫可采用黄板、蓝板等色板进行诱杀。每亩悬挂25厘米×40厘米色板30～40块。大棚内可悬挂银灰膜（条），驱避蚜虫。芦笋棚内设置黑色地膜覆盖畦间，可控草、增温、保墒、降湿防病。

5.生物防治

在甜菜夜蛾成虫高峰后3 ~ 5天，释放甜菜夜蛾核型多角体病毒，在阴天或傍晚5时后喷雾，例如用每毫升30亿多角体的甜菜夜蛾核型多角体病毒悬浮液20 ~ 30毫升兑水15千克喷洒；也可采用病毒自传播技术，每个大棚内（约333米^2）设置1个集成诱控器（含诱芯1粒+每克10亿多角体的核型多角体病毒可湿性粉剂）。也可在田间撒施或喷施金龟子绿僵菌制剂，例如用每克100亿孢子的金龟子绿僵菌可分散油悬浮剂50倍液在田间均匀喷洒。

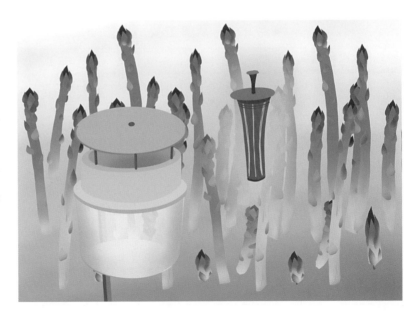

6.化学防治

结合清园及时清除病株残茬，清园后用药剂进行土壤消毒。在低龄幼虫期及发病初期及时用药防治。施药时，地面寄主作物应一并喷施。施用药剂时，应轮换、交替用药。药剂选择符合NY/T 1276、GB/T 8321的规定，严禁使用国家禁止使用的农药。采笋期间禁止喷施化学农药。主要病虫害推荐用药见表8。

表8　芦笋主要病虫害防治推荐用药

病虫害名称	推荐用药
根腐病	50%多菌灵可湿性粉剂500倍液、每克1 000亿孢子的枯草芽孢杆菌可湿性粉剂600倍液淋根
茎枯病	10%苯醚甲环唑水分散粒剂1 000～1 500倍液、80%代森锰锌可湿性粉剂500倍液、65%代森锌可湿性粉剂350倍液、70%甲基硫菌灵可湿性粉剂600倍液喷雾
甜菜夜蛾、斜纹夜蛾	20%氯虫苯甲酰胺悬浮剂3 000倍液、15%茚虫威悬浮剂3 000倍液、6%乙基多杀菌素悬浮剂2 500～4 500倍液、10%虫螨腈悬浮剂1 000倍液等喷雾
蚜虫	70%吡虫啉水分散粒剂15 000倍液、10%溴氰虫酰胺可分散油悬浮剂2 000倍液喷雾
蓟马	6%乙基多杀菌素悬浮剂2 500～4 500倍液、10%溴氰虫酰胺可分散油悬浮剂2 000倍液喷雾

八、采收贮运

采笋分为1月下旬至4月上旬春笋、5月上旬至8月中旬夏笋和9月中旬至11月中旬秋笋，根据出笋情况和产品等级标准，适时采收。

根据行业标准《芦笋等级规格》（NY/T 1585—2008）的规定，芦笋的等级主要划分为特级、一级和二级（表9）。

表9　芦笋等级

等级	指标	要 求	
		白芦笋	绿芦笋
特级	色泽	笋体洁白，允许笋尖带有轻微浅粉红色	笋体鲜绿，允许带有浅紫色
	外形	形态好且挺直，不弯曲，无锈斑，无损伤；笋头鳞片抱合紧密，无散头	
	木质化	笋体鲜嫩，允许基部表皮有轻微木质化，但不超过笋体长度的5%	
一级	色泽	笋体乳白，允许笋头带有浅绿色或黄绿色	笋体鲜绿，允许带有浅紫色，允许基部带有轻微乳白色或浅黄色

（续）

等级	指标	要求	
		白芦笋	绿芦笋
一级	外形	形态良好且较直，允许轻微弯曲和轻度锈斑，无损伤；笋头鳞片抱合紧密，无散头	形态良好且较直，允许轻微弯曲和轻度锈斑，无损伤；笋头略有伸长，鳞片抱合较紧密，允许轻微开散，但开散率不超过5%
	木质化	笋体较鲜嫩，允许基部表皮有木质化，但不超过笋体长度的10%	
二级	色泽	笋体乳白或黄白色，允许笋尖带有绿色或黄绿色	笋体绿色或略带黄绿色，允许带有浅紫色，允许基部少量乳白色或浅黄色
	外形	形态尚可，允许明显弯曲、轻度锈斑和轻微损伤；笋头鳞片尚紧，无散头	形态尚可，允许明显弯曲、轻度锈斑和轻微损伤；笋头伸长明显，笋尖鳞片尚紧，允许少量开散，但开散率不超过10%
	木质化	笋体基本鲜嫩，允许基部表皮有木质化，但不超过笋体长度的15%	

以长度为划分规格的指标，芦笋分为长（L）、中（M）、短（S）三个规格（表10）。

表10　按长度划分的芦笋规格

单位：厘米

规　格		长（L）	中（M）	短（S）
芦笋长度	白芦笋	＞17～22	＞12～17	＞10～12
	绿芦笋	＞20～30	＞15～20	＞10～15
同一包装中最长和最短芦笋差异		≤2		≤1

以基部最大直径为划分规格的指标，芦笋分为粗（B）、中（M）、细（T）三个规格（表11）。

表11　按直径划分的芦笋规格

单位：毫米

规　格	粗（B）	中（M）	细（T）
基部直径	＞17	＞10～17	＞3～10
同一包装中最大和最小直径的差异	≤6	≤5	≤4

芦笋分级整理后可在6小时内完成预冷，可采用纸箱包装，纸箱材质应符合《运输包装用单瓦楞纸箱和双瓦楞纸箱》（GB/T 6543—2008）的要求及国家环境保护、食品安全的相关标准和规定。临时贮存须在阴凉、通风、清洁、卫生的条件下进行，严防暴晒、雨淋、高温、冻伤、病虫害及有毒物质的污染。保鲜温度控制在2～5℃。运输可采用冷藏车，温度保持在6～8℃。

九、包装标识

1.包装

①同一批货物应包装一致（有专门要求者除外）。每一包装件内应是同一品种、同一外观等级的芦笋。同时要求标注等级规格。

②包装容器应清洁干燥、坚固耐压、无毒、无异味、无腐朽变质现象。

③包装容器内外无足以造成果实损伤的尖突物，表面光滑，对芦笋起到良好的保护作用。

④包装容器内芦笋的排放应美观，表层与底层芦笋质量应一致，不应将树叶、枝条、尘土等杂物混入包装容器内，影响果实外观。

2.标识

①芦笋的包装纸箱外部应印刷或贴上商品标记，标明品名、

等级、个数、净重、产地、经营商名称、采收日期等。箱内应标明分级包装者姓名或代号以备查索。标识应字迹清晰，容易辨认，完整无缺，不易褪色或掉落。

②周转中的箱、筐随时根据芦笋周转情况在内外放置或系挂标记卡片，标明品种、等级、数量、采收日期和装箱人员代号。

十、承诺达标合格证和农产品质量安全追溯系统

上市销售芦笋时，相关企业、合作社、家庭农场等规模生产主体应出具承诺达标合格证。

承诺达标合格证

产品名称:_____   数量（重量）:_____

联系方式:_____   产地:_____

开具日期:_____   生产者盖章（签名）:_____

我承诺对生产销售的食用农产品：

☐ 不使用禁用农药兽药、停用兽药和非法添加物

☐ 常规农药兽药残留不超标

☐ 对承诺的真实性负责

承诺依据：

☐ 委托检测   ☐ 自我检测

☐ 内部质量控制   ☐ 自我承诺

　　规模以上主体应纳入追溯平台，优先考虑通过浙江农产品质量安全追溯平台实现统一信息查询。

十一、芦笋秸秆综合利用

1.还田

畦面覆盖。畦面覆盖是芦笋秸秆还田最简单的方式，芦笋整株秸秆收获后可用于果园、茶园、林地等越冬或越夏畦面覆盖。可以起到减少水分蒸发、保持土壤温度的作用。

粉碎还田。可将芦笋母茎粉碎后直接还田，就地使用。发病较重的植株不宜直接还田。粉碎还田的秸秆长度以小于5厘米为宜。

2.堆肥利用

根据基地规模，设置适宜大小的秸秆堆肥场地，每2公顷（30亩）基地宜配套200～400米^{2}堆肥场地。堆肥场地应避雨，宜合理利用基地内闲置大棚或微秸秆处理设施。芦笋秸秆堆肥主要工艺流程为预处理→菌种活化→物料混配→调节湿度→搅拌翻堆。用粉碎机将芦笋秸秆粉碎成粗粉或用铡草机切碎，长度为4～5厘米。

在芦笋秸秆中添加尿素，调节碳氮比为20～30，每1 000千克芦笋秸秆（以干重计）可添加尿素10～15千克。添加占芦笋秸秆重量1%的菌种或每立方米芦笋秸秆添加2～3千克腐熟剂。菌种活化宜选择利于芦笋纤维素高温降解的菌种，如链霉菌。堆料调节含水量至60%，菌种加水湿润至手抓能成团但不滴水为宜。加入活化菌种后的芦笋秸秆在室内放置24～48小时，温度升高至40℃以上。活化过程中应每隔12小时翻堆一次。建堆发酵。在发酵过程中应及时翻堆。第一次在建堆后第6天，翻堆时补水，翻堆后的建堆标准高度应大于1米。之后视腐熟情况适时翻堆。

3.酵素肥利用

芦笋嫩茎采摘后切除的根部嫩茎废料可用于生产酵素肥。每100千克芦笋嫩茎肥料宜添加水25千克、红糖25千克，放入密封桶内发酵12个月左右，生成酵素肥。芦笋酵素肥可稀释100倍作为叶面肥或冲施肥使用。

4.裹包青贮饲料利用

用于生产青贮饲料的芦笋秸秆应新鲜，无腐烂霉变。应控制生产青贮饲料的芦笋秸秆的污染物含量，并使其符合GB 13078的要求。主要工艺流程为收割贮存→机械粉碎→调节含水量→裹包发酵→贮存→装运。芦笋秸秆收割后应自然通风干燥，放置于专门的秸秆堆放场所，避免雨淋。

添加青贮专用发酵菌剂，采用专用机械进行压实打捆和包膜加工，排出空气，厌氧发酵贮存。也可直接采用堆制池发酵。冬季贮存发酵时间30天左右，夏季贮存发酵时间15天左右。青贮专用拉伸膜宜选用聚乙烯膜（PE膜）或氧阻隔膜（OB膜），不应使用再生塑料生产的拉伸膜。

　　青贮裹包应存放于地面平整、排水良好、没有杂物和其他尖锐物品的地方。在青贮发酵过程中，应经常检查青贮裹包的密封情况，注意防鼠，防止薄膜破损、漏气及雨水进入。夏季气温较高时宜采用遮阳网覆盖。

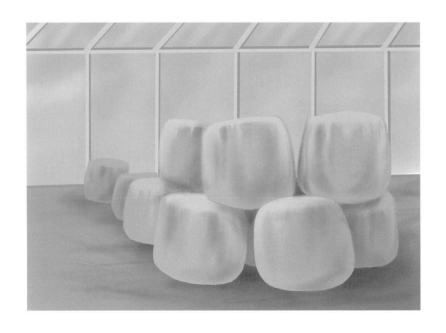

　　芦笋秸秆裹包青贮饲料应采用感官方式评价，具体评定标准见表12。评定为劣等的青贮饲料应废弃进行肥料化利用，不应用于饲喂反刍动物。芦笋秸秆裹包青贮饲料保质期为6个月，开包后应在10天内饲喂。

表12　芦笋秸秆裹包青贮饲料感官评定标准

等级	色	味	嗅	质地
优等	绿色或黄绿色	酸味浓	芳香味浓厚	柔软湿润，叶、茎等器官结构完整，保持原状
中等	黄褐色，墨绿色	酸味中等	芳香味淡	软、稍干或水分稍多
劣等	黑色，褐色	酸味少	腐败味或霉味	干松或黏结成块

参 考 文 献

敖培华, 何圣米, 2020. 芦笋新品种引进筛选与大棚栽培技术 [J]. 浙江农业科学, 61(8): 1578-1580.

陈伟, 应霄, 2019. 生物有机肥在芦笋上的肥效试验初探 [J]. 南方农业, 13(29): 183, 191.

冯洁琼, 翁颖, 许映君, 2019. 化肥减量条件下水溶肥对大棚芦笋产量和品质的影响 [J]. 长江蔬菜 (12): 66-69.

顾万帆, 吴剑男, 倪小明, 等, 2019. 杭州市富阳区芦笋产业发展的土壤环境适宜性评价 [J]. 浙江农业科学, 60(9): 1658-1660.

何圣米, 叶为诺, 胡齐赞, 等, 2019. 芦笋秸秆圆捆包膜青贮技术 [J]. 浙江农业科学, 60(5): 810-811.

刘奇顾, 瞿华香, 余格辉, 等, 2021. 芦笋种质资源与育种技术研究进展 [J]. 中国农学通报, 37(1): 55-60.

毛晓梅, 柏超, 杨健, 等, 2021. 浙北大棚芦笋夜蛾类害虫发生规律及绿色防控技术 [J]. 浙江农业科学, 62(4): 755-757, 762.

潘建清, 李路菲, 王涛, 2021. 长兴县芦笋氮肥减量增效试验 [J]. 浙江农业科学, 62(6): 1143-1144, 1146.

王丽坤,章金明,李晓维,等,2019.芦笋农药残留研究进展及应对策略探讨[J].浙江农业科学,60(9): 1638-1640.

王连平,方丽,谢昀烨,等,2019.浙江省芦笋茎枯病非化学治理[J].浙江农业科学,60(9): 1534-1536.

王连平,谢昀烨,方丽,等,2019.设施连作芦笋根腐及蚕沙治理效果[J].浙江农业科学, 60(9): 1514-1516.

吴平,龚佩珍,贾伟娟,2019.平湖市芦笋清洁化生产的探索和实践[J].浙江农业科学, 60(11): 2031-2033.

吴平,胡美华,龚佩珍,等,2019.平湖市芦笋化肥减量试验[J].浙江农业科学,60(10): 1801, 1803.

羊文伟,汤燕华,侯玉龙,等,2020.芦笋新品种引进与比较试验[J].蔬菜(10): 77-80.

杨新琴,陈能阜,卢钢,等,2014.浙江省芦笋产业发展的探讨[J].浙江农业科学(6): 811- 812, 815.

俞可欣,张旭娟,李文略,等,2019.生物降解膜在绿芦笋上的应用[J].浙江农业科学, 60(9): 1531-1533.

章钢明,邹宜静,卢钢,等,2018.大棚芦笋冬春季高效套种技术[J].中国蔬菜(3): 97-98.

章金明,刘敏,林雅,等,2019.浙北芦笋园滋生甜菜夜蛾杂草种类调查[J].浙江农业科学,60(9): 1500-1503.

赵川,费冰雁,潘秋波,等,2019.基于芦笋水肥一体化的化肥减量探析[J].浙江农业科学,60(9): 1573-1576.